PLANT SECRETS

植物生长的秘密

【美】艾米丽·古德曼/文 【美】菲利斯·林巴赫尔·提德斯/图 白天惠/译

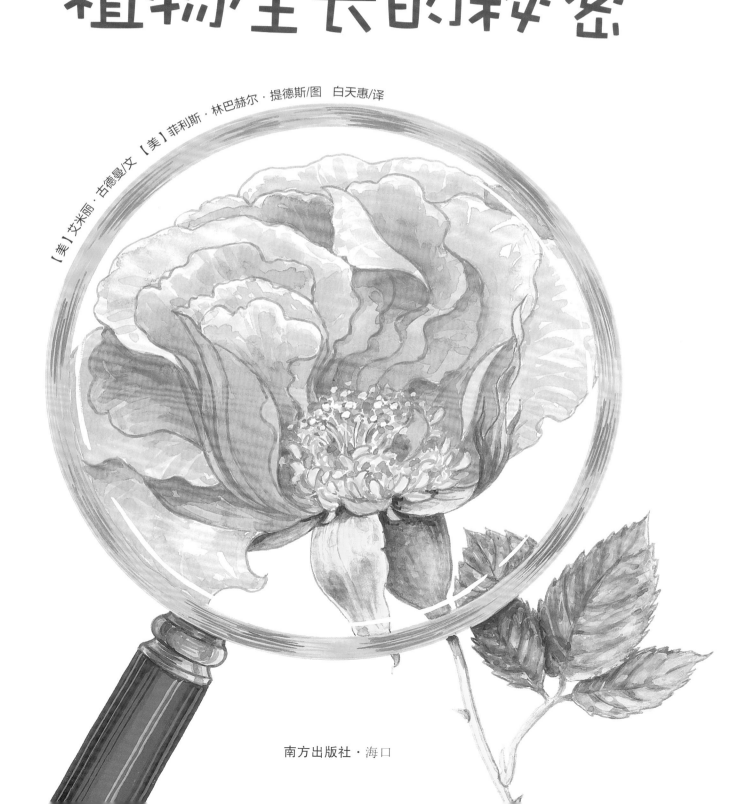

南方出版社·海口

它们是种子。

品质保证，粒粒发芽！

28克 ★ 四季豆

有些又大又圆，
有些小如微尘，
有些被坚硬但能敲碎的外壳包裹着。
有些是黑色的，
有些是棕色的，
有些是粉粉嫩嫩的，还有一些是带条纹的。

但它们都有一个秘密——

那就是，这些种子里面，
都藏着一株新生的微小植物。

将种子埋在土里，
给它水，给它阳光，给它空气，
给它一切所需，
种子就会长成植物。

右图是玫瑰、橡树、豌豆和番茄的种子。
你能认出它们吗？动手连一连吧。

玫瑰种子

橡树种子

豌豆种子

番茄种子

接着，我们认识一下这些植物。

有些比人还要高，
有些比猫还要小。
有些有嫩绿的茎，
另一些有结实的枝干。
植物的叶子各种各样：
有些像盘子一样圆，
有些像针一样细而尖。
有些厚又强韧，
有些薄如纸片。

但它们都有一个秘密——

那就是，这些植物会开花。

植物需要土壤、阳光、水分和空气，
给它一切所需，
植物就会开出花朵。

右图是玫瑰、橡树、豌豆和番茄。
你能认出它们吗？动动小手，连一连线。

豌豆

玫瑰

番茄

橡树

现在我们认识一下这些花儿。

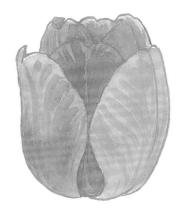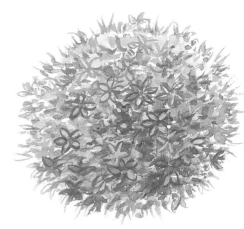

有些像太阳，
有些像绒球，
有些像星星，
还有些像铃铛，像碗，或是像羽毛。
有些花儿有很多花瓣，
有些花儿没有花瓣。
有些花儿是亮紫色的，或蓝色的，或橙色的，
另一些则并不绚丽，是棕色的。

但它们都有一个秘密——

那就是，这些花儿里面，
都藏着将要变成果实的部分。

花儿需要阳光、土壤、水分和空气，
需要风或者蜜蜂帮它授粉。
给它一切所需，
花儿就能结出果实。

右图是玫瑰、橡树、豌豆和番茄的花儿。
你能认出它们吗？动手连一连吧。

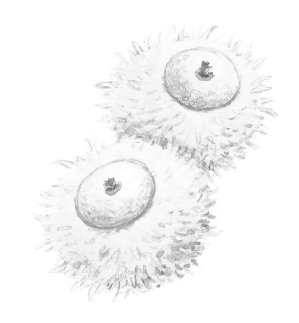

橡树花儿

番茄花儿

玫瑰花儿

豌豆花儿

动动脑：选一朵自己最喜欢的花，说说它有什么特征。

最后我们认识一下这些果实。

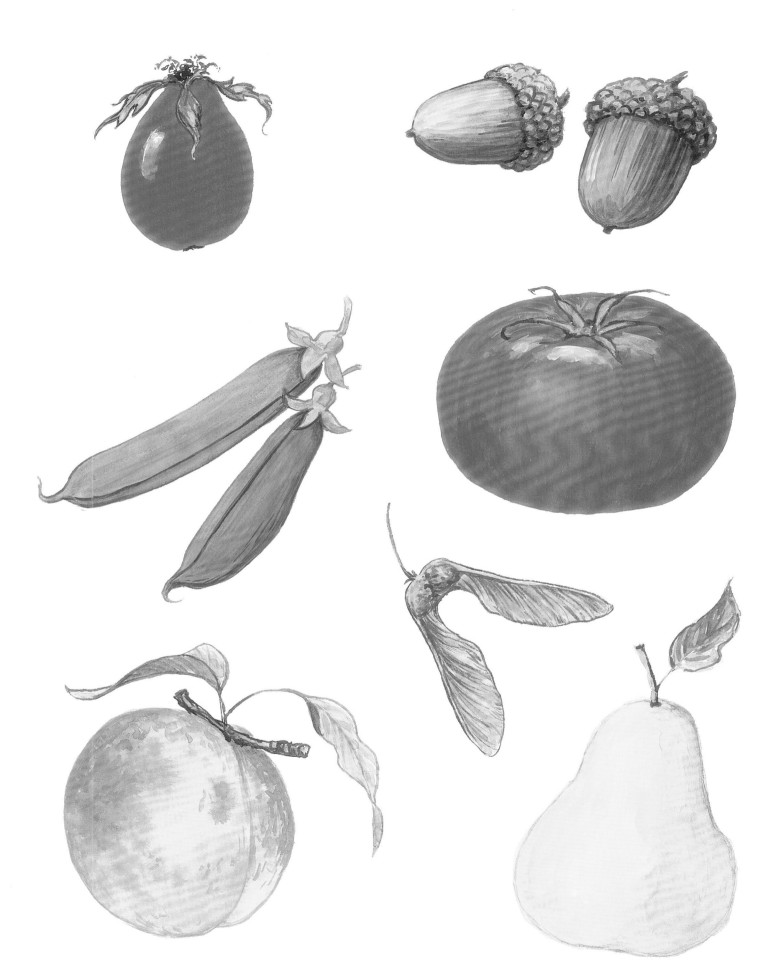

有些是红色的，
有些是绿色的，
还有一些是棕色的，或紫色的。
有些很美味——甜而多汁，
有些很酸，
还有一些是不能吃的。
有些是软的，
有些有坚硬的果壳，
还有一些结成一串。

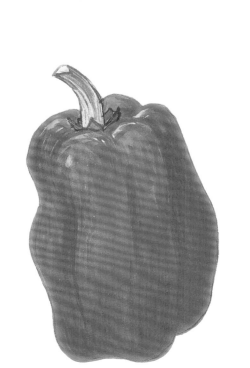

但它们都有一个秘密，
你能猜出果实里面是什么吗？

藏在果实里面的就是……

玫瑰果

豌豆荚

种子！

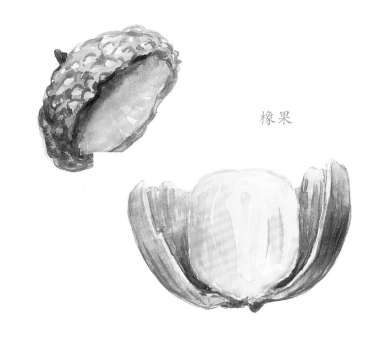

橡果

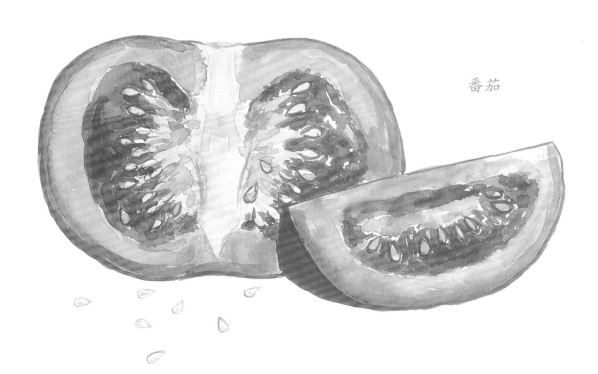

番茄

 快来说说你有什么新发现吧。

每种植物各自有不同的生长和繁殖方式。大多数植物——比如豌豆、橡树、玫瑰和番茄——都像我们这本书里描述的这样，先有种子，然后长成植物，再开花，最后结出果实。

每种植物都有对我们人类意义非凡的阶段，例如玫瑰的开花阶段、番茄的结果阶段。然而所有阶段对于植物自己都十分重要。

种子

种子包裹着植物的幼苗，提供它发芽所需的养分，
豌豆的种子阶段是人们最熟悉的。

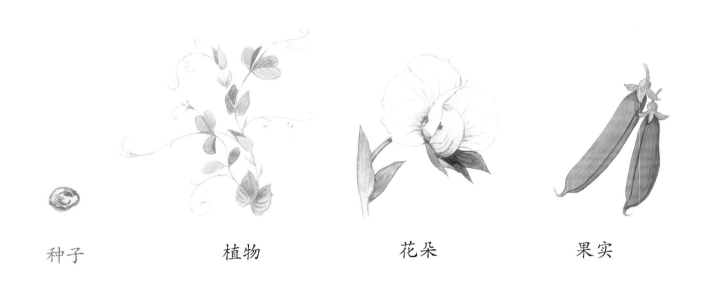

种子　　　　　　　　植物　　　　　　　　花朵　　　　　　　　果实

豌豆

豌豆总让人联想到大豆、紫藤和紫荆。这几种植物的花朵很像，
都像张开的小嘴唇。豌豆最早生长于欧洲和中东地区，从史前时
期就被当作食物。今天，世界各地都在种植豌豆。我们通常食用
豆子（豌豆的种子），但某些豌豆荚（豌豆的果实）也很鲜嫩、
美味。你可以在自家的窗台上种几颗豌豆种子，这样你就能吃到
新鲜的豌豆了。

植物

种子发芽后，植物就可以自己从阳光中汲取养分，这是人类和动物做不到的。橡树的植物阶段是人们最熟悉的。

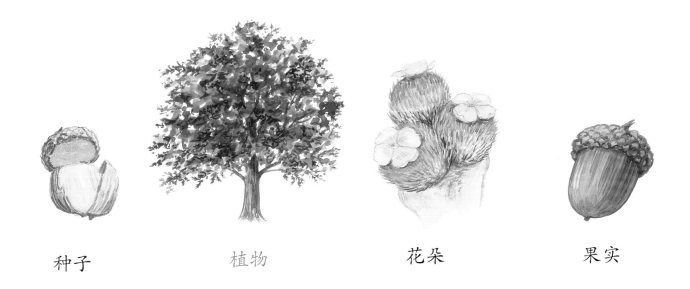

种子　　　　　　植物　　　　　　花朵　　　　　　果实

橡树

橡树分布于世界各地，它们是森林中的大个儿，能存活数百年。某些种类的橡树长大后，硬实的树干可以被用来制造成很多我们需要的东西：房屋、家具、地板、船只、马车、木桶或者其他工具。橡树的种子藏在橡果（橡树的果实）里面，很多动物如熊、鹿、鸟、鸭——当然还有松鼠——都以它为食。人们也可以把某些种类的橡果磨成粉，制成面包食用。

花朵

花朵帮助植物繁殖。当我们想到花朵，往往先想到花瓣的样子。等到花瓣凋落，花朵剩下的部分会长成果实。玫瑰的花朵阶段是人们最熟悉的。

种子　　　　　　　　植物　　　　　　　花朵　　　　　　　果实

玫瑰

玫瑰是蔷薇科植物家族中的一员，家族内的成员还包括苹果、樱桃、杏、桃子和山楂。我们总是为了欣赏玫瑰美丽的花朵，栽种那些不会结果的品种，但还是有些种类的玫瑰会结出玫瑰果。玫瑰果通常是红色的，长得像小苹果。玫瑰果富含维生素C，但尝起来特别酸，人们通常不会单独食用它，而是把它做成果冻或者用来泡茶。鸟、狐狸、浣熊等动物会食用玫瑰果。

果实

果实是装载新种子的容器。一些果实软而美味，动物在食用它们的时候会把它们包裹着的种子吐在地上。一些果实果壳坚硬，能够保护种子度过炎热及寒冷的天气，直到它们将要生长发芽。番茄的果实阶段是人们最熟悉的。

种子   植物   花朵   果实

番茄

番茄最初生长于南美洲、中美洲和墨西哥。番茄的花朵和叶子看起来像颠茄——一种生长在欧洲的有毒植物。因此当番茄刚刚被引进到欧洲的时候，人们不敢食用它的果实，以为那是有毒的。在科学家看来，番茄属于水果，因为它的果实是包裹种子的部分。但很多人认为番茄是酸的，因而把它当成蔬菜，而不是水果。

这是一首最美的生命颂歌。

种子能够长成植物，
植物能够开出花朵，
花朵能够孕育果实，
果实里又包含种子。

植物的生命始于种子，
最后又重新恢复为种子。
了解植物生长的秘密，
感受生命如此神奇。

版权合同登记号：图字 30-2018-056

图书在版编目（CIP）数据

植物生长的秘密 ／（美）艾米丽·古德曼文；（美）
菲利斯·林巴赫尔·提德斯图；白天惠译. — 海口：
南方出版社，2019.6
书名原文：Plant secrets
ISBN 978-7-5501-4850-5

Ⅰ．①植… Ⅱ．①艾… ②菲… ③白… Ⅲ．①植物生
长－少儿读物 Ⅳ．①Q945.3-49

中国版本图书馆CIP数据核字(2018)第152673号

Plant Secrets
Text Copyright © 2009 by Emily Goodman
Illustrations Copyright © 2009 by Phyllis Limbacher Tildes
English language edition published by Charlesbridge Publishing, Inc., under the title, Plant
Secrets
Simplified Chinese Character rights arranged through CA-LINK International LLC(www.ca-link.com)

zhí wù shēng zhǎng de mì mì
植物生长的秘密

[美]艾米丽·古德曼/文 [美]菲利斯·林巴赫尔·提德斯/图 白天惠/译

总 策 划：❀天下文化

责任编辑：孙宇婷

责任校对：王田芳

版式设计：卢馨

出版发行：南方出版社

地　　址：海南省海口市和平大道70号

电　　话：(0898) 66160822

传　　真：(0898) 66160830

经　　销：全国新华书店

印　　刷：北京博海升彩色印刷有限公司

开　　本：610×900　1/8

字　　数：30千字

印　　张：5

版　　次：2019年6月第1版　2019年6月第1次印刷

印　　数：1—4000册

书　　号：ISBN 978-7-5501-4850-5

定　　价：36.00元

新浪官方微博：http://weibo.com/digitaltimes

四季豆种子

南瓜种子

柠檬

苹果种子

向日葵

青柠

西葫芦

茄子

葡萄

双翅果

三叶草

果毛球

蓝莓

樱桃

草莓